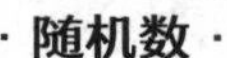

哪条路最快到学校

〔韩〕李惠镇 / 著 〔韩〕朴英美 / 绘 刘娟 / 译

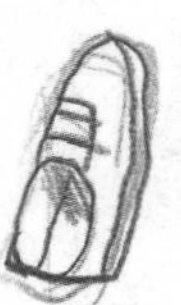

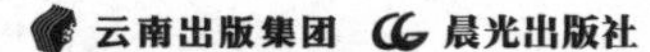

东东转学了，今天是去新学校上学的第一天。

可是，去新学校的路有好几条。

走哪条路可以最快到达学校呢？

这么多条路，什么
时候才能走完呀？
学校
不用那么麻烦，在地图
上看看哪条路最近
就可以了。
我们先来看看去学校的
路一共有几条吧。

“我去上学啦！”

早上 7 点 55 分，东东和妈妈打过招呼后，连早饭都没吃就出门了。

今天，他比平时早了 5 分钟出门。

这是为什么呢？

原来，自从 5 月份转到新学校后，东东就成了有名的“迟到大王”。原因有两个，一是东东还不熟悉环境，二是他本来就是个慢性子。

时间一分一秒地过去，东东还在街上不慌不忙地溜达。

这一路上有趣的东西太多了，他忍不住东瞅瞅西看看。

这个迟到大王几乎天天迟到，就连考试的日子都是踩着铃声走进教室的。

叮铃铃——终于放学了！

老师一脸严肃地说：“今天迟到的同学请举手！”

东东和第一次迟到的阿贤面面相觑，战战兢兢地把手举了起来。

于是，大家都放学了，只有他俩留在教室写检讨书。

1-3
课程表

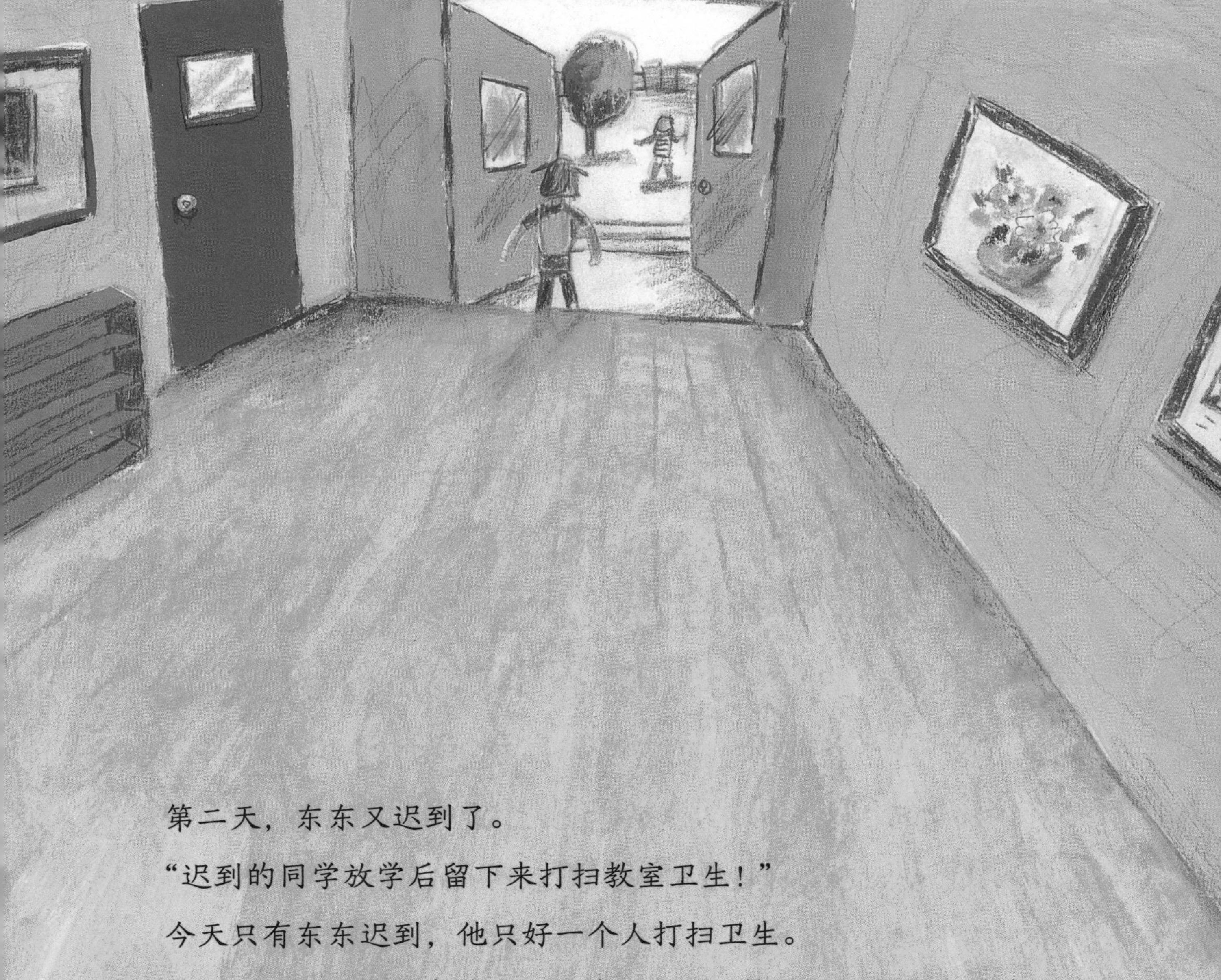

第二天，东东又迟到了。

“迟到的同学放学后留下来打扫教室卫生！”

今天只有东东迟到，他只好一个人打扫卫生。

等他拖完地，摆好桌椅，放好清洁工具，教室里也只剩下他自己了。

“唉！”东东长长地叹了一口气，“怎么才能不迟到呢？”

东东背上书包，垂头丧气地走出了教室。

“我来帮你吧！”

东东回头一看，是早就应该回家的小光。

东东和小光并肩坐在操场边。

“我今天早上明明很早就出门了，为什么还是迟到了呢？”东东委屈地嘟囔着。

“你走的哪条路呀？”小光觉得，东东一定是因为绕了远路才迟到的。

“我们先把从你家到学校的路线都画出来。”小光说着从书包里掏出本子和笔，问东东，“你家在哪个位置？”

根据东东的描述，小光很快就画出了从东东家到学校的路线图。

东东这才知道，原来有这么多条路都可以通往学校啊。

“我们再来看看，走哪条路能最快到达学校。”小光说。

学校

小光画出了 4 条到学校比较近的路线。其中一条就是东东经常走的。

“我平时走的就是这条路啊！为什么还是会迟到呢？”

“这里面肯定还有其他原因，明天我陪你一起走一次。”

“好嘞，咱俩一起走走看！”东东开心地搂住了小光。

第二天早上，两个小伙伴一起去上学。路过慧珍家时，东东突然停了下来。

“不知道慧珍出门了没有，咱们等等她吧！”

“快走吧，这么下去非迟到不可。”

小光拽住东东的胳膊，把他拖走了。

走到玩具店门口，东东又停下了。

“你看，这个机器人是今天新到的，太酷了！”

这下，小光终于明白东东为什么天天迟到了。

“李东东，难怪你总是迟到啊，以后你绝对不能再走经过慧珍家和玩具店的这条路了！”

星期四这天，小光和东东选择了第二条路线——先朝着山那边走，再拐一个弯，然后一直走，就能到学校了。

“东东呀，今天这条路肯定是最快到达学校的路！”俩人说着话，正准备拐弯……

“汪汪汪！汪汪汪！”

突然，一条大狗不知从哪儿冲了出来，不停地叫着，好像马上就要扑过来咬他们似的。

“这可怎么办？我怕狗！”东东都快吓哭了，和小光站在原地不敢动。

小光说：“这样下去肯定会迟到的，我喊‘1，2，3’，咱们一起往前冲。那条狗被拴着呢，追不上我们。准备好啊，‘1，2，3’！”

好朋友玩具
好朋友玩具店

俩人气喘吁吁地跑到了玩具店门口。

这时，远处传来学校的上课铃声。

“唉，看来第二条路线也失败了！”

“都怪那条狗，如果不是它，肯定不会迟到的！”东东有点儿生气。

小光拍了拍他的肩膀，说：“没关系，安全第一！”

小禹书店
干净洗衣店

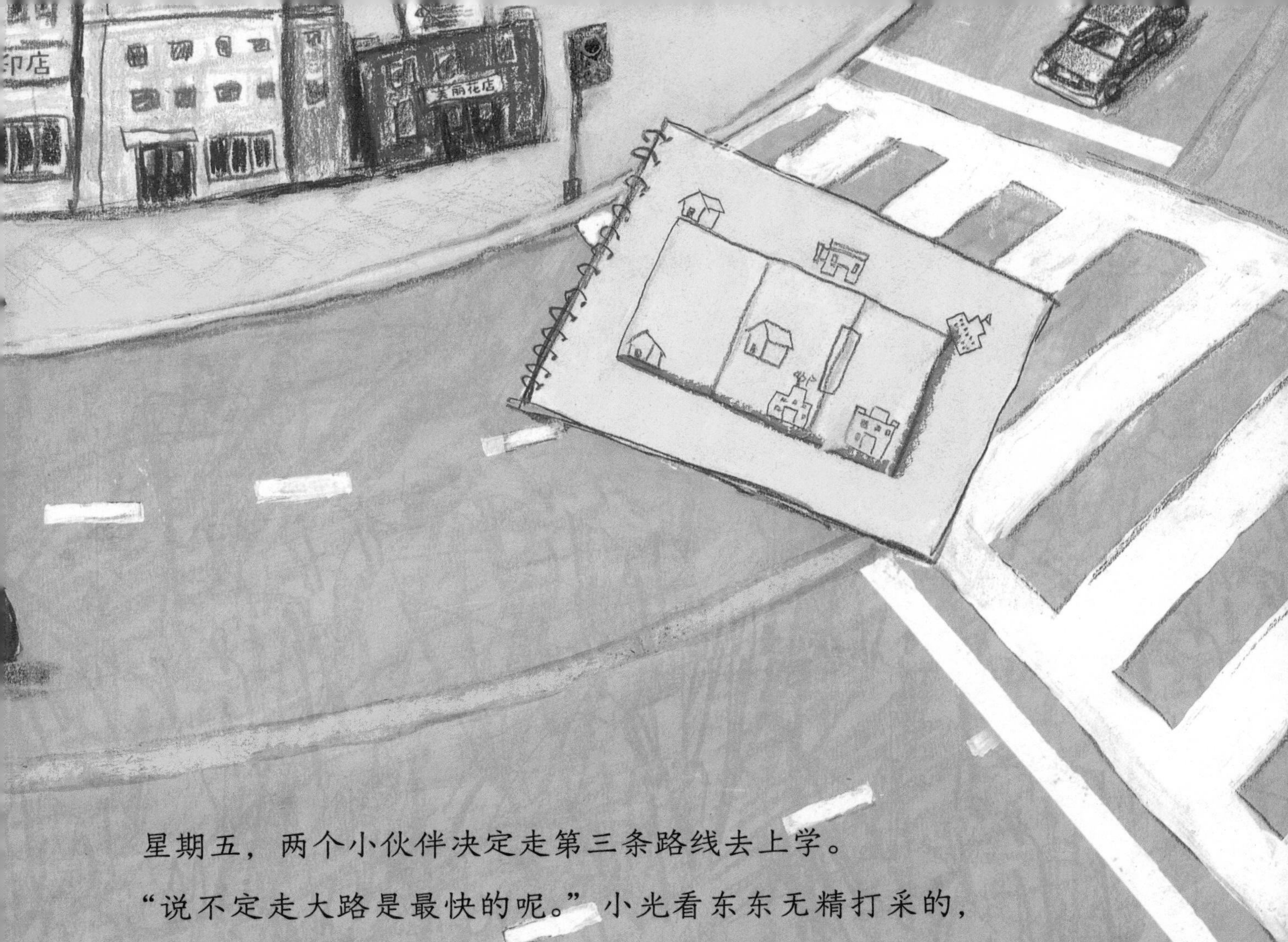

星期五，两个小伙伴决定走第三条路线去上学。

“说不定走大路是最快的呢。”小光看东东无精打采的，就变着法子鼓励他。

前两天的失败让东东有些灰心了。

没走多久，前面就是过街天桥和人行道。

“东东呀，我们别走天桥了，走人行道会更快一点儿。”

但是他们等了好久，一直是红灯。东东和小光急得团团转。

终于变绿灯了，两个小伙伴快速冲上人行道。

小光飞快地跑到了对面。

咦，东东怎么没跟上？

小光回头一看，东东正站在人行道中间，一个老奶奶抓着他的手说：“乖孙子，快跟奶奶回家吧！”

东东着急地大喊：“我不认识你！”

眼看指示灯就要变成红色了，老奶奶就是不肯松手。

“老人家，这个小朋友不是您的孙子。您快放手吧。”多亏交警叔叔及时赶来，为东东解了围。

可这一耽误，东东和小光又一次迟到了。

这天是这个学期的最后一天，第二天就要放暑假了！

东东和小光计划走第四条路，这条路线要经过步行街。

前段时间那里一直在施工，有很多工程车来来往往，这两天才恢复通行。

“今天我们一定会成功的，加油！”

虽然小光信心满满，但是东东心里却没什么把握。他只觉得今天的路好长，天气也格外热。

步行街
美味蛋糕坊

“这里竟然有个游乐园！”小光和东东都惊讶得瞪大了眼睛。

可不是嘛，前不久还坑坑洼洼的工地，转眼间就变成了一个漂亮的游乐园。

可是东东的心思却不在这儿，现在他只想快点儿赶到学校，“这到底是不是最快的一条路呢？”

“哈哈，到了学校你就知道了。咱们快走吧。”说着，小光在东东身上胳肢了几下，飞快地向前跑去。

“站住，等等我！”东东大喊着追了上去。

东东跟着小光跑啊，跑啊，不一会儿，眼前出现了一个熟悉的路口。

东东愣住了，他们到学校了！

小光走到东东面前，故意撞了他一下，说：“迟到大王终于找到了最快的路线，我们成功喽！”

东东兴奋极了，昂首挺胸地走进了校园。

“哇，李东东！你是因为要放假了才来这么早的吗？”迎接他们的老师也一脸意外，甚至还开起了东东的玩笑。

东东不好意思地挠了挠头，说：“我以后绝对不会再迟到了，我保证！”

“哈哈哈哈！”同学们都为东东鼓起掌来。

让我们跟东东一起回顾一下前面的故事吧！

多亏了小光，我以后上学再也不会迟到了！为了找到最快到学校的路，小光画了一张路线图，标记出从我家到学校的几种路线。随机数是有可能发生的各种情况的个数。我们发现，从我家到学校较短的路线一共有 4 条，即有 4 个随机数。在把每条路都试走了一遍之后，我们成功地找到了最快到达学校的路。

下面，我们就来详细地了解下随机数吧。

数学面对面

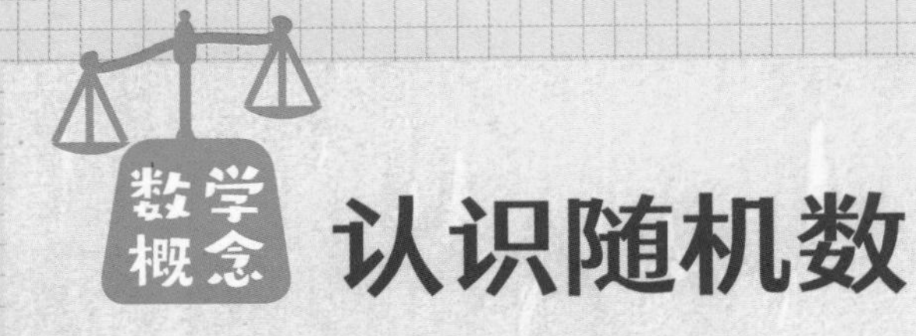

认识随机数

日常生活中，我们经常会碰到随机事件。比如今天穿哪件上衣，搭配哪条裤子；早餐喝牛奶还是豆浆，搭配包子还是油条？随机数就是指可能发生的情况的个数。

我们先来分析一下，掷骰子时可能会出现的几种情况。

掷一枚骰子时，可能出现的数字有6个，即1，2，3，4，5，6。也就是说，可能出现的情况有6种。

我们再来看看掷一枚骰子时，可能出现的偶数点和奇数点的情况。

掷一枚骰子时，出现偶数点的情况有3种，分别是2，4，6。

掷一枚骰子时，出现奇数点的情况有3种，分别是1，3，5。

了解了以上这些内容，我们再来研究下当两件事同时发生时，可能出现的情况的个数。

这里有正、反面图案全都不一样的两张卡片，如果同时扔出两张卡片，会出现几种可能的情况呢？

两件事同时发生时，“正面，反面”和“反面，正面”是两种不同的情况！

扔出“卡片 1”时，可能出现的情况有以下两种：

当“卡片 1”正面朝上时，“卡片 2”会出现正面或者反面两种情况。同样，当“卡片 1”反面朝上时，“卡片 2”也会出现正面或者反面两种情况。

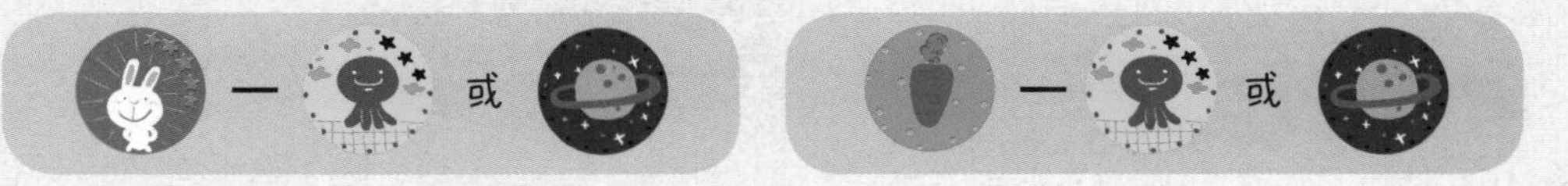

因此，当同时扔出两张正、反面图案都不同的卡片时，可能出现如下 4 种情况：

		第1次	第2次	第3次	第4次
纸片1	正面 反面				
纸片2	正面 反面				

由此可见，遇到两件事情同时发生的情况时，我们要先确定两件事发生的先后顺序，然后再一对儿一对儿逐个比较就可以了。

下面，我们再来看看有顺序的随机事件。大毛、二毛和三毛正在进行跑步比赛。如果把 3 个小朋友按照第一名、第二名和第三名的方式排名，可能出现的排名情况一共有几种呢？

第一名	第二名	第三名
大毛	三毛	二毛
大毛	二毛	三毛
三毛	大毛	二毛
三毛	二毛	大毛
二毛	大毛	三毛
二毛	三毛	大毛

遇到有顺序的随机事件时，可以按先后顺序把所有情况列举出来，然后再计算一共有多少种可能。比如，我们首先假定大毛为第一名，然后再对二毛和三毛进行排名。接下来再分别假定三毛和二毛为第一名，再对剩下的两人进行排名。最终可以得出，所有可能情况的个数为 6。

其实，这种统计方法在生活中的应用还有很多。比如召开运动会时，有 4 个班参加篮球比赛。如果 4 个班要轮流两两比赛一场，那么一共需要进行多少场比赛呢？

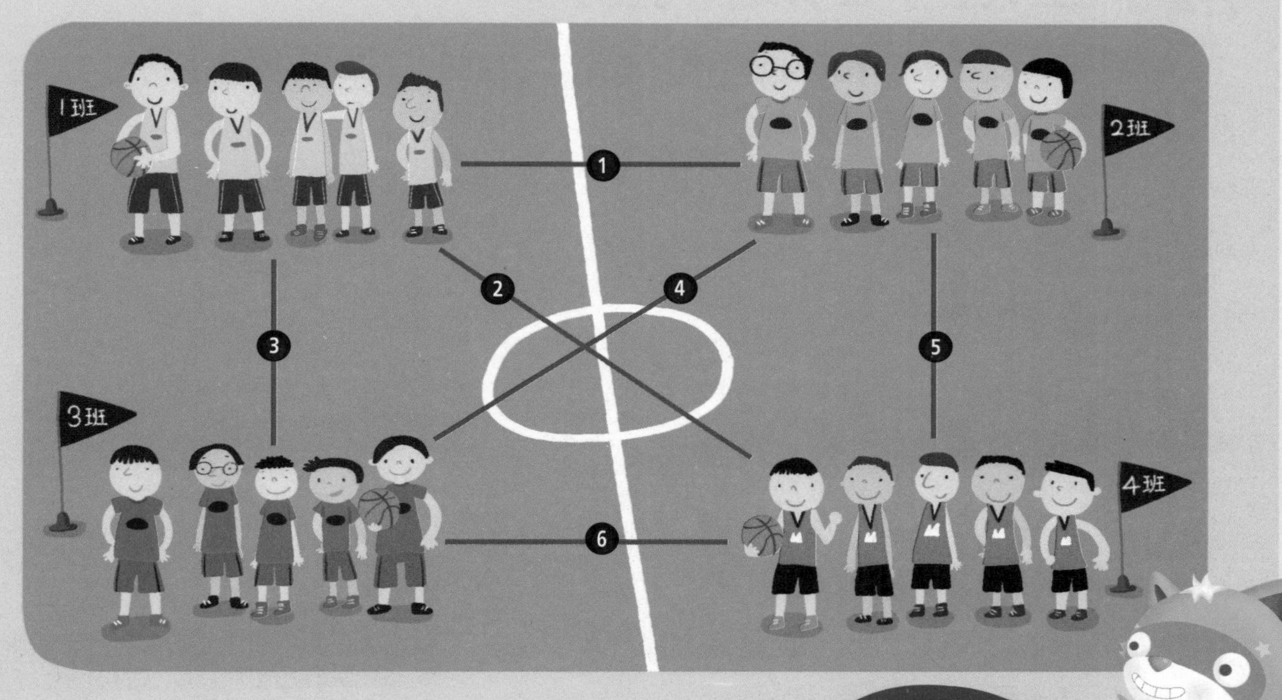

如图所示，各个班之间的红线表示需要进行的比赛场次。我们可以得出，4 个班两两比赛，一共需要进行 6 场比赛。

用线把 4 个班逐个连接起来，答案就出来了！

树状图

将某个事件发生的全部可能性分别用分叉的树枝来展示的图形，就是“树状图”。例如，想知道数字 1，2，3 能组成多少个不同的三位数时，就可以用右侧的树状图来体现，这样所有可能情况的个数就一目了然了。树状图经常用于计算有顺序的随机事件。

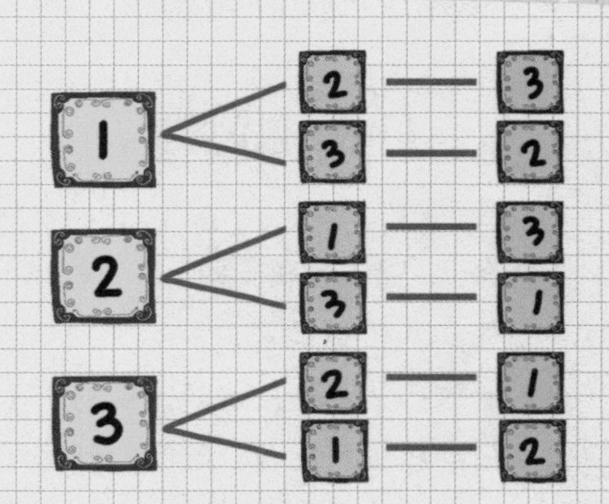

生活中的随机数

随机事件发生的可能性也叫作“概率”。生活中很多场景都用到了随机事件和概率。我们一起来看一下吧。

文化

谚语中的概率

概率是指某件事发生的可能性。很多谚语中都包含着与概率相关的内容，比如，“青蛙呱呱叫，天雨必来到”。快要下雨的时候，空气湿度会增大，青蛙呼吸没有平时顺畅，为了增加肺的呼吸量，青蛙就会呱呱地叫起来。还有一句谚语——“天上钩钩云，地下雨淋淋”。为什么这么说呢？“钩钩云”指的是钩卷云，这种云出现的时候，大多预示着阴雨天气的到来。

体育

世界杯中的随机数

世界杯是每 4 年举办一次的国际性足球比赛盛会。通过小组赛的层层选拔后，在各国家代表队中慢慢诞生 32 强、16 强、8 强和 4 强，最后决出冠亚军。在 32 强中，属于同一小组的 4 个队要进行循环赛，每支队伍都需要分别与其他 3 队对抗。从 16 强开始进行淘汰赛，输掉比赛的队伍被淘汰，而获胜队伍继续进行比赛。因此，世界杯期间，全世界的球迷都会反复推演参赛足球队的获胜概率和排名。

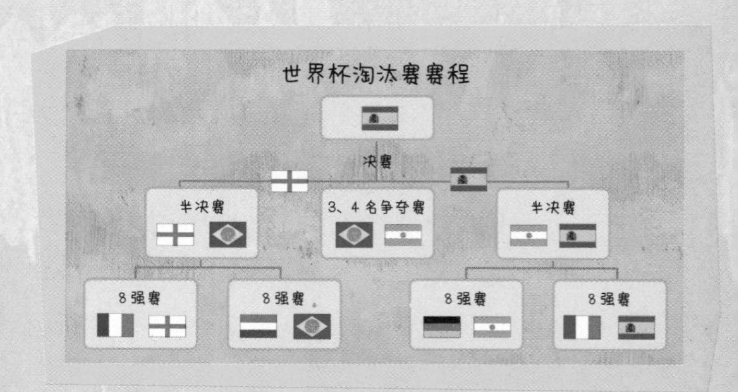

社会

掷柶戏

掷柶戏是朝鲜族的传统游戏。“柶子”是特制的 4 根木棒。这个游戏是由 4 组人轮流掷柶子，根据掷出后的情况，抢先到达终点的队伍获胜。掷出柶子后，将柶子落下的情况分为猪、狗、羊、牛、马。全部为正面朝上，被称为“牛”；全部反面朝上，被称为“马”。如果出现牛和马，可以获得再投一次的机会。投掷过程中，可能出现的情况为“正，正，正，正”“正，反，反，反”“正，正，正，反”“反，反，反，反”等 16 种。

科学

天气预报

人们经常通过手机、电视等途径获取天气信息。通过预测气温、湿度、风向、风速等天气变化，我们能提前掌握今后几天的天气情况。随着科学技术的发展，人们通过使用可以超高速处理大量信息的电脑，使得天气预报的准确率较以往大幅度提升。但是，深入了解天气预报就会发现，说“明天下雨的概率为百分之多少”要比“明天会下雨”更精确一些。例如，当说下雨的概率是 80% 时，可以把整体看作 100，可能情况的个数就是 80。如果听到这样的天气预报，出门时还是带上雨伞为好。

挑选水果饮料

老师在给同学们准备下午的加餐，用一种饮料搭配一种水果，把水果画在下面的空白处，并将所有不同搭配情况的个数填在□中。

今天穿什么

小慧的妈妈想给她选一条漂亮的连衣裙，再搭配一顶合适的帽子。请将两条连衣裙和三顶帽子分别搭配在一起，看看有几种不同的搭配方法吧。

黄色的帽子＋蓝色的连衣裙

黄色的帽子＋（   ）的连衣裙

（   ）的帽子＋蓝色的连衣裙

蓝色的帽子＋粉红色的连衣裙

绿色的帽子＋（   ）的连衣裙

绿色的帽子＋（   ）的连衣裙

一共有（   ）种搭配方法。

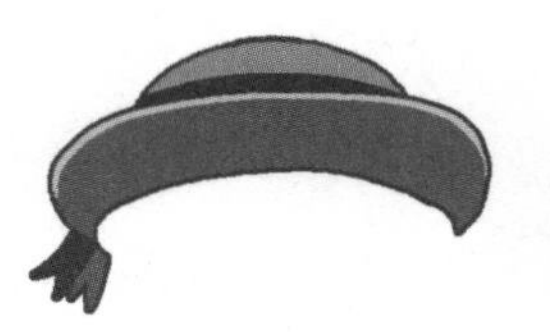

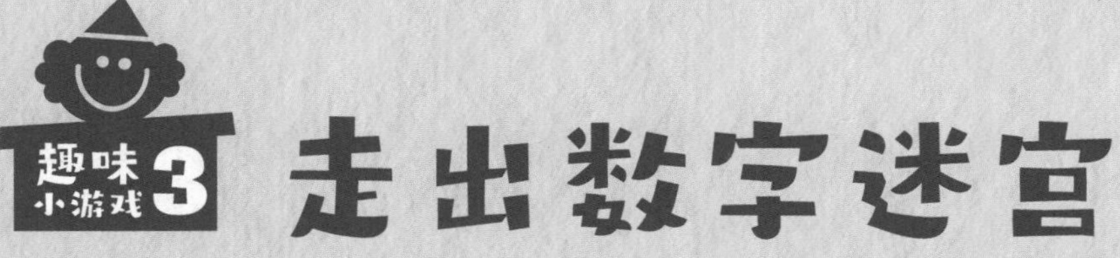

走出数字迷宫

用 2、4、7 这三个数字组成一个三位数，下面的迷宫中有的说法正确，有的错误。请仔细读一读，只有沿着说法正确的路线走，才能走到终点哟。

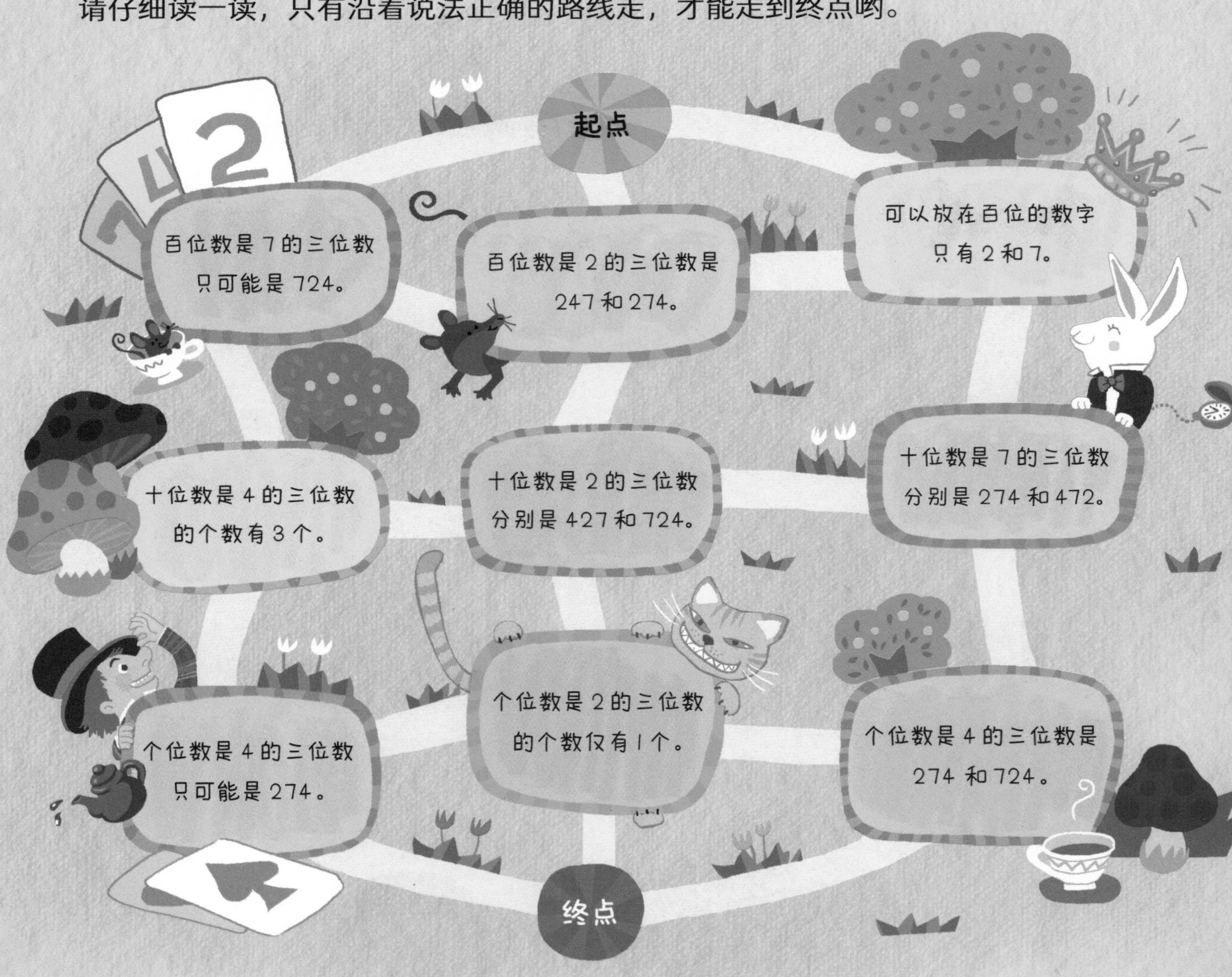

彩色的纸片

桌子上有 2 张正、反面颜色各不相同的彩纸，如果这两张纸同时被风吹落到地上，可能会出现几种不同的情况呢？找到展示正确的那位小朋友并圈出来。

彩纸 1　正面：白色　反面：黄色

彩纸 2　正面：蓝色　反面：红色

口袋里的硬币

东东的口袋里装着 4 枚硬币，如果他每次掏出 2 枚，有几种不同的搭配可能呢？用序号代表硬币，在表格里写出所有可能的搭配情况吧。

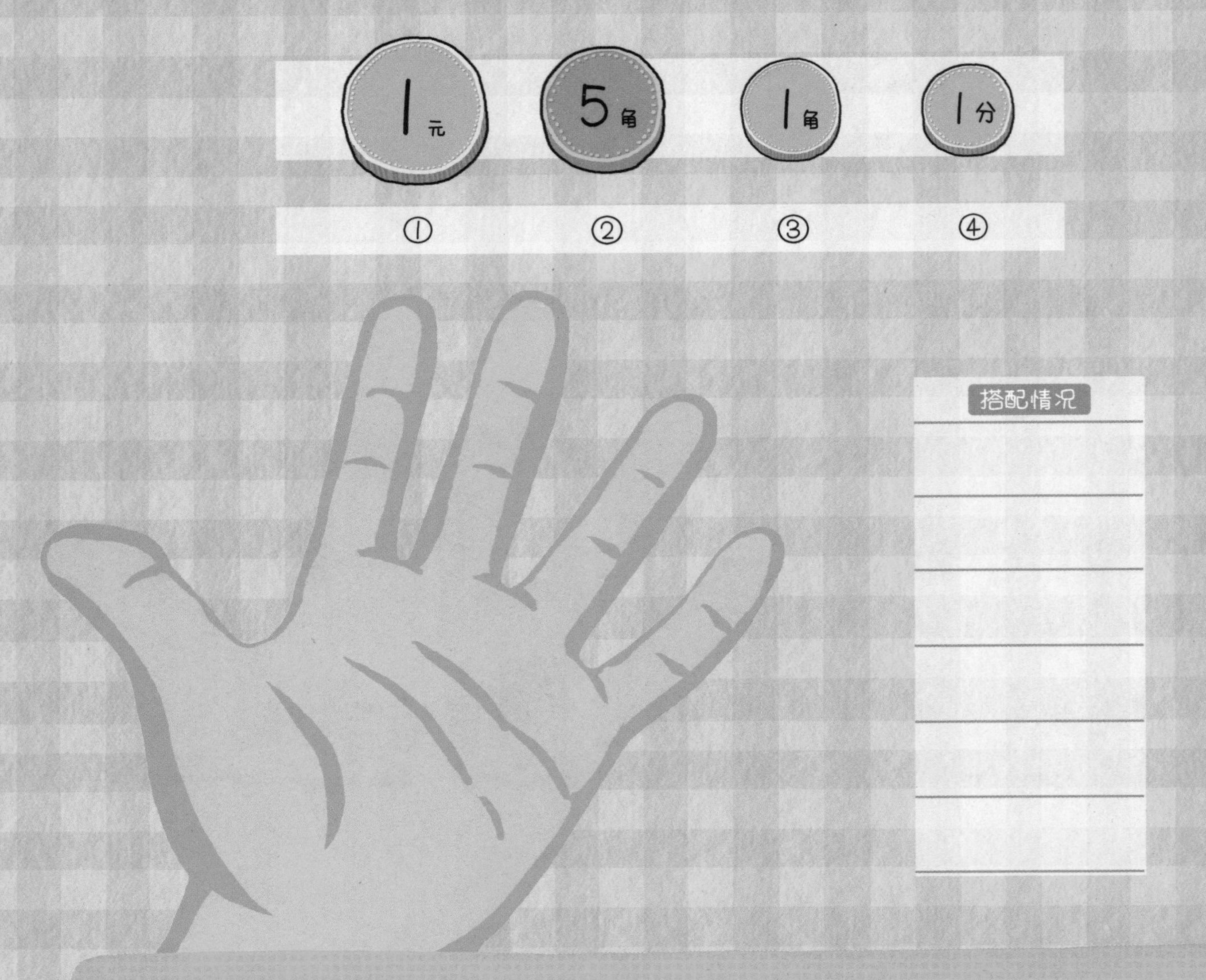

同时掏出 2 枚硬币可能出现的搭配情况共有☐种。

哪个班是冠军 趣味小游戏6

今天幼儿园举办运动会，以班级为单位进行了足球比赛，其中苗苗班、玫瑰班、郁金香班和葡萄班最终进入了半决赛。请参考下面的描述，在底部的图案中找到正确的答案，沿黑色实线剪下并贴在文中的相应位置，以及上面的对阵表中。

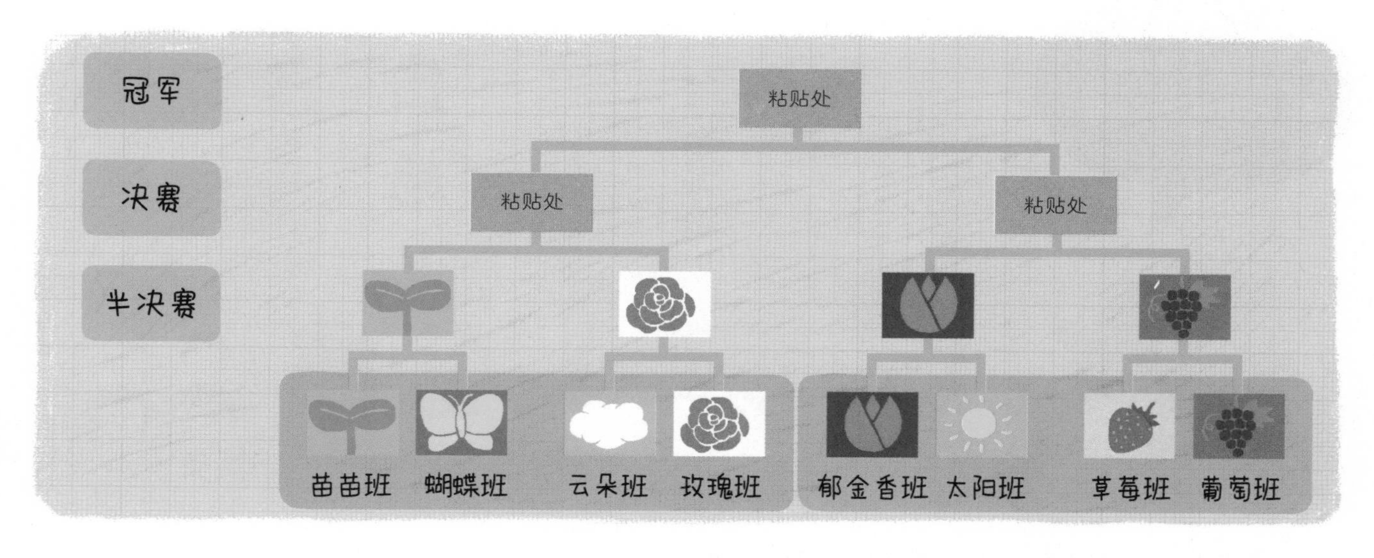

· 足球比赛中，可能获得冠军的班级分别是 粘贴处 、粘贴处 、粘贴处 、粘贴处 ，共有 □ 种可能。

· 决赛是在玫瑰班和葡萄班之间进行，最终葡萄班获得了冠军。

请拟定一个关于冠军班级报道的标题，写在下面的空白处。

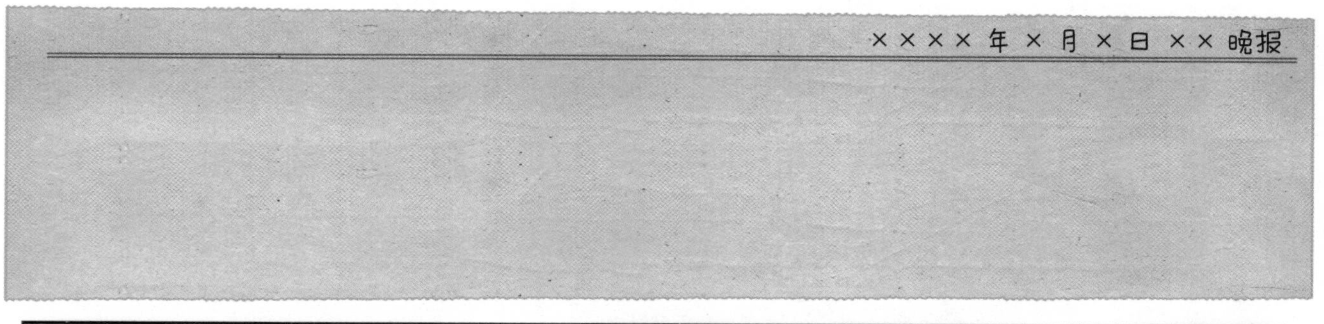

参考答案

42~43 页

44~45 页

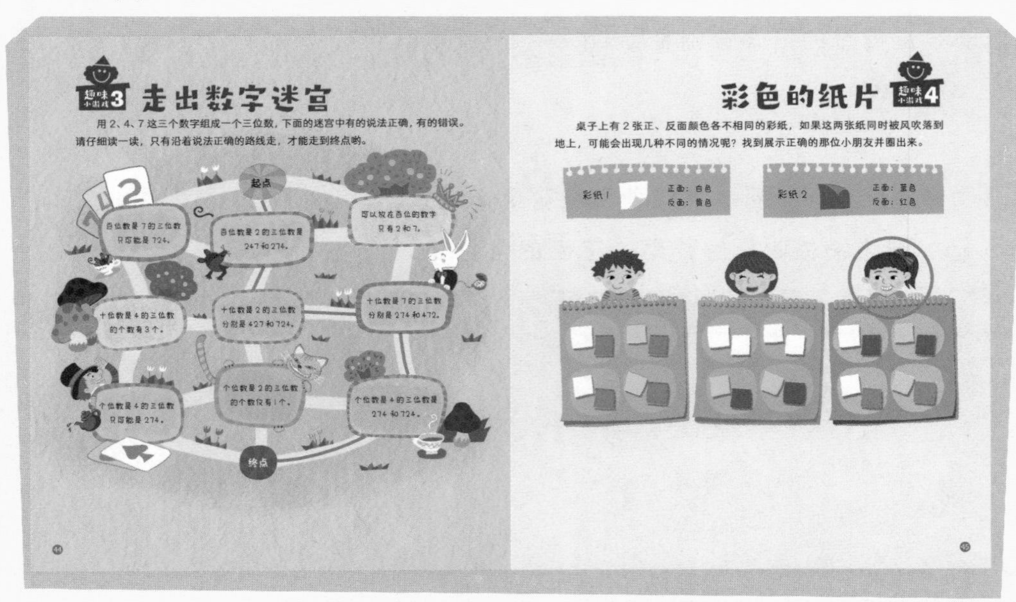